BEI GRIN MACHT SICH IHR WISSEN BEZAHLT

- Wir veröffentlichen Ihre Hausarbeit, Bachelor- und Masterarbeit

- Ihr eigenes eBook und Buch - weltweit in allen wichtigen Shops

- Verdienen Sie an jedem Verkauf

Jetzt bei www.GRIN.com hochladen und kostenlos publizieren

GRIN

Dorothee Feuerhake

Die GASP der EU

GRIN Verlag

Impressum:

Copyright © 2007 GRIN Verlag GmbH
Druck und Bindung: Books on Demand GmbH, Norderstedt Germany
ISBN: 978-3-640-18026-4

Dieses Buch bei GRIN:

http://www.grin.com/de/e-book/116071/die-gasp-der-eu

Georg-August-Universität Göttingen
Institut für Agrarökonomie

Seminararbeit im Rahmen des Moduls:

Markt- und Preispolitik

Thema:

Die GASP der EU

WS 2006/2007

Abgegeben von:
Dorothee Feuerhake

Abgabetermin: 20.12.2006

Inhaltsverzeichnis

1 Einleitung

Diese Arbeit hat die Gemeinsame Außen- und Sicherheitspolitik (GASP) der Europäischen Union zum Thema. Dabei soll zunächst auf die Entwicklung dieser Politik eingegangen werden, im nächsten Schritt werden dann die Ablaufprozesse und die Organisation dieses Politikbereichs inklusive der Beteiligten erläutert. Abschließend soll auf bestehende Problembereiche und Konflikte im Zusammenhang mit diesem Bereich der Europäischen Union in der Vergangenheit und Gegenwart eingegangen werden, es sollen jedoch auch Möglichkeiten und Perspektiven für die Zukunft aufgezeigt werden. Einleitend jedoch einige Worte zum Begriff „Gemeinsame Außen- und Sicherheitspolitik": Dieser Begriff ist die Bezeichnung für die unter Titel V des Vertrages über die Europäische Union (EUV) näher beschriebene Zusammenarbeit der Mitgliedsstaaten in diesen Bereichen (WICKEL ET. AL 2005: 376). Diese Politik bildet die zweite Säule in der Tempelstruktur[1] der Europäischen Union (HERDEGEN 2004: 405).

2 Entwicklung der GASP

2.1 Entwicklung bis 1945

Erste Gedanken zur Einheit Europas betrafen die Friedenssicherung in Europa. Da- hinter steckten vor allem Eigeninteressen wie die Wiedergewinnung des Heiligen Landes oder Abwehr von Gefahren; diese Ideen reichten bis zu Immanuel Kants „Zum ewigen Frieden" (1795) und Victor Hugos „Vereinigten Staaten von Europa" (1849) (STREINZ 2001: 5). Im 20. Jahrhundert wurden diese Europaideen weiterentwickelt. Der erste Weltkrieg jedoch stellte einen Einschnitt dar und ließ diese Gedanken für einige Zeit ruhen. Im Jahre 1929 entwickelte der französische Außenminister Aristide Briand einen Europaplan, das sog. „Briand-Memorandum", an dem auch der deutsche Außenminister Gustav Stresemann mitwirkte. Dieser Plan schlug die Einrichtung eines Sicherheitssystems in Europa vor, also eine Zusammenarbeit der europäischen Staaten auf diesem Gebiet, jedoch konnte sich dieser Plan schließlich nicht durchsetzen (GÜTT 2003: 26). Eine weitere Bewegung für ein geeintes Europa war die Paneuropa-Bewegung, die von Graf Richard Coudenhove-Kalergi initiiert wurde, und großen Anklang fand. Dieser Paneuropa-Bewegung lag die Idee der Gründung der Vereinigten Staaten von Europa zugrunde, vor allem mit dem Ziel der Friedenssicherung, wobei diese Idee jedoch auf den Weltfrieden ausgedehnt wurde und schließlich in der Gründung des Völker-

---

[1] Die Struktur der EU beruht auf einer sog. Tempelkonstruktion mit drei Säulen. Die erste Säule beinhaltet die Europäische Gemeinschaft (EG), die zweite Säule die GASP und die dritte Säule Polizeiliche und justizielle Zusammenarbeit in Strafsachen (PJZS).

bundes mündete (STREINZ 2001: 6). Ein erneuter Einschnitt in die Gedanken zu einem geeinten Europa folgte durch den Zweiten Weltkrieg.

2.2 Entwicklung nach 1945

Die Paneuropäische Bewegung hatte den Zweiten Weltkrieg überlebt und ihre Anhänger schlossen sich in den europäischen Bewegungen der Nachkriegszeit zusammen, wie beispielsweise der Europäischen Union der Föderalisten, der Europa-Union in den einzelnen Staaten usw. (STREINZ 2001: 6). Der britische Premierminister Sir Winston Churchill hielt am 19.September 1946 eine sehr berühmte Rede vor der Universität Zürich, in der er die Idee der „Neugründung der Europäischen Familie", insbesondere eine Partnerschaft zwischen Deutschland und Frankreich, aufgreift (GÜTT 2003: 26). In der folgenden Zeit wurden im militärischen und verteidigungspolitischen Bereich mehrere Organisationen gegründet.

2.2.1 Westunion

Zu nennen sind hierbei vor allem die Westeunion, die spätere Westeuropäische Union (WEU), die im Jahre 1947 gegründet wurde, jedoch in ihrer gegenwärtigen Gestalt auf den Vertrag von Brüssel von 1954 zurückgeht (HERDEGEN 2004: 427). Die Westunion existierte zunächst selbstständig neben den Europäischen Gemeinschaften, wurde aber im Laufe der Zeit immer näher an die Europäische Union herangeführt und durch die Vertrag von Maastricht, die Petersberg-Erklärung über humanitäre Hilfe und Konfliktbewältigung, die in den Vertrag von Amsterdam übernommen wurde, immer tiefer in die Europäische Union integriert. Diese Integrationsbemühungen mündeten im Vertrag von Nizza schließlich darin, dass Teilbereiche der WEU auf die Europäische Union übertragen wurden, andere liefen aus, so dass die WEU mehr oder weniger in die EU überführt wurde (GÜTT 2003: 27).

2.2.2 NATO und EVG

Weitere wichtige Zusammenschlüsse auf europäischer Ebene im Bereich der Außen- und Sicherheitspolitik sind der Nordatlantikpakt (NATO), der im Jahre 1949 gegründet wurde, und die Europäische Verteidigungsgemeinschaft (EVG). Die EVG wurde von den Mitgliedern der Europäischen Gemeinschaft für Kohle und Stahl (EGKS) initiiert, um die Verteidigungspolitik der Länder zu stärken. Der Vertrag zur Errichtung der EVG wurde am 27.Mai 1952 von den Mitgliedsstaaten der EGKS unterzeichnet, scheiterte jedoch zwei Jahre später, da sich die französische Nationalversammlung im Ratifikationsverfahren gegen das Ziel der Schaffung einer gemeinsamen europäischen Armee mit einer gleichberechtigten Beteiligung Deutschlands aussprach (GÜTT 2003: 29).

2.3 Entwicklungen seit den Römischen Verträgen

Die Europäische Integration beschränkte sich zunächst nur auf die Zusammenarbeit im Wirtschaftsbereich durch die Europäische Gemeinschaft für Kohle und Stahl (EGKS) und die Europäische Atomgemeinschaft (EAG), welche durch die Römischen Verträge im Jahre 1957 besiegelt wurde.

2.3.1 Fouchet-Plan

Als erstes wichtiges Ereignis nach den Römischen Verträgen ist der Fouchet-Plan von 1961 zu nennen. Dieser Plan resultierte unter Federführung des französischen Diplomaten Fouchet aus einem Projekt der Mitglieder der drei Gemeinschaften, das sich mit der Außen- und Sicherheitspolitik befasste. Inhalt dieses Plans war eine Kooperation der Staaten in der Außen- und Verteidigungspolitik und die Schaffung entsprechender Regierungskonferenzen (GÜTT 2003: 31).

2.3.2 Europäische Politische Zusammenarbeit (EPZ)

Im Dezember 1969 fand die Haager Gipfelkonferenz der Staats- und Regierungschefs statt, die die Angleichung der Außenpolitik der Mitgliedsstaaten zum Ziel hatte (STREINZ 2001: 12). Ergebnis dieses Treffens aufbauend auf dem Fouchet-Plan war die Einigung über die Zusammenarbeit in der Außen- und Sicherheitspolitik, somit die Geburtsstunde der EPZ (GÜTT 2003: 31). Die Grundstruktur dieser Zusammenarbeit wurde von den Außenministern im Luxemburger Bericht von 1970 festgeschrieben. Ein großes Manko der EPZ ergab sich jedoch aus dem Fehlen vertraglich festgesetzter Regelungen und der strikten Trennung der EPZ von den Gemeinschaften, vor allem auf Seiten Frankreichs (GÜTT 2003: 32). Diese Kooperation entwickelte sich immer weiter und wurde schließlich auch 1986 in die Gemeinschaften inkorporiert.

2.3.3 Einheitliche Europäische Akte (EEA)

Die Einheitliche Europäische Akte stellte die EPZ auf eine vertragliche Grundlage (HERDEGEN 2004: 43). Die EEA gab der EPZ Organe wie Präsidentschaft, Politisches Komitee, Sekretariat usw., dabei wurden die Europäischen Gemeinschaften mit der EPZ zusammengeführt, woraus sich auch der Name des Dokuments „Einheitlich" ableiten lässt. Durch diese Verknüpfung der beiden Bereiche, der Institutionalisierung der EPZ und der Festschreibung des Ganzen in einem Vertrag wurde die Außenpolitik auf eine völkerrechtliche Grundlage gestellt (STREINZ 2001: 14).

2.3.4 Verträge von Maastricht und Amsterdam

Mit dem Vertrag von Maastricht (1992) wurde die Europäische Union gegründet (Art. 1 EUV). Mit dem Vertrag von Maastricht wurde die Säulen-Struktur der Europäischen Union eingeführt, womit in Form der zweiten und dritten Säule ein Rahmen für die intergouvernementale Zusammenarbeit auf europäischer Ebene geschaffen wurde (HERDEGEN 2004: 45). Der Vertrag von Amsterdam aus dem Jahr 1997 sah nur geringe Neuerungen im Bereich der GASP vor, wie z.B. die Schaffung des Hohen Vertreter gemäß Art. 18 Abs. 3 EUV.

2.3.5 Vertrag von Nizza

Der Vertrag von Nizza wurde im Jahr 2000 erarbeitet. Dieser hat einige Veränderungen im Bereich der GASP mit sich gebracht, wie beispielsweise die Normen über die verstärkte Zusammenarbeit vereinzelter Mitgliedsstaaten (GÜTT 2003: 39). Neuerungen und Veränderungen im Bereich der GASP werden sich auch durch die Aufnahme der neuen Mitglieder ergeben.

3 Aufgaben, Instrumente und Akteure des GASP

3.1 GASP in der Struktur der drei Säulen

Europäische Union ist die Bezeichnung für die Europäischen Gemeinschaften und die im Unionsvertrag eingeführten Zusammenarbeiten im Bereich der Außen- und Sicherheitspolitik sowie der polizeilichen und justiziellen Zusammenarbeit in Strafsachen (HERDEGEN 2004: 58). Die erste Säule der Union ist von Supranationalität gekennzeichnet, wohingegen sich die zweite und dritte Säule dadurch auszeichnen, dass die Mitgliedsstaaten noch selbst handeln. Man spricht also von intergouvernementaler Zusammenarbeit (HERDEGEN 2004: 57). Konkretisiert wird die GASP im Titel V des Vertrages über die Europäische Union in den Art. 11 bis Art. 28.

3.2 Ziele der GASP

Die Ziele der GASP sind in Art. 11 des Vertrages über die Europäische Union (EUV) beschrieben. Als Ziele werden in Art. 11 Abs. 1 EUV genannt:

1. „die Wahrung der gemeinsamen Werte, der grundlegenden Interessen, der Unabhängigkeit und der Unversehrtheit der Union im Einklang mit den Grundsätzen der Charta der Vereinten Nationen" (Art 11 Abs. 1 EUV);

2. „die Stärkung der Sicherheit der Union in allen ihren Formen" (Art 11 Abs. 1 EUV);

3. „die Wahrung des Friedens und die Stärkung der internationalen Sicherheit entsprechend den Grundsätzen der Charta der Vereinten Nationen sowie den Prinzipien der Schlußakte von Helsinki und den Zielen der Charta von Paris, einschließlich derjenigen, welche die Außengrenzen betreffen" (Art. 11 Abs. 1 EUV);

4. „die Förderung der internationalen Zusammenarbeit" (Art. 11 Abs. 1 EUV);

5. „die Entwicklung und Stärkung von Demokratie und Rechtsstaatlichkeit sowie die Achtung der Menschenrechte und Grundfreiheiten" (Art. 11 Abs. 1 EUV).

Bei der Zielerreichung werden die Mitgliedsstaaten der EU zur aktiven und vorbehaltslosen Unterstützung der GASP verpflichtet, wobei die Begriffe Loyalität und Solidarität von großer Bedeutung sind (Art. 11 Abs. 2 EUV).

3.3 Beschlussfassung und Beteiligung der Organe

Die Beschlussfassung im Rahmen der GASP ist in Art. 23 EUV geregelt. Grundprinzip der Beschlussfassung über die GASP ist die Einstimmigkeit nach Art. 23 Abs.1 Satz 1 EUV. In der Vergangenheit konnte ein Mitgliedsstaat also beispielsweise durch eine Enthaltung die Beschlussfassung im Ministerrat verhindern (HERDEGEN 2004: 405).

Der Vertrag von Amsterdam hat die Klausel betreffend Stimmenthaltungen bei der Beschlussfassung neu eingefügt: Nach dieser Klausel steht der Beschlussfassung trotz Stimmenthaltung einzelner Mitglieder nichts entgegen (Art. 23 Abs. 1 Satz 2 EUV). Eine Sonderregelung findet sich im Art. 23 Abs.1 Sätze 3 ff. Diese enthalten Regelungen über die Stimmenthaltung eines Landes, wenn es getroffene Beschlüsse nicht umsetzen möchte. Sofern dies der Fall ist, muss das betroffene Land eine förmliche Erklärung über die Gründe der Enthaltung geben. Danach ist das Land nicht verpflichtet, den Beschluss durchzuführen, jedoch muss es akzeptieren, dass der Beschluss bindend für die Union ist und es muss ferner das Handeln der Union im Rahmen dieses Beschlusses tolerieren und darf es nicht behindern. Dieses Verfahren wird jedoch nicht angewandt und der Beschluss folglich nicht angenommen, wenn die sich enthaltenden Länder über mehr als ein Drittel der in Art. 205 Abs. 2 EGV genannten Stimmen im Rat verfügen.

Eine Ausnahme vom Einstimmigkeitsprinzip ist in Art. 23 Abs. 2 EUV zu finden. Danach kann mit qualifizierter Mehrheit[2] beschlossen werden, wenn der Rat auf Grundlage einer gemeinsamen Strategie gemeinsame Aktionen oder Standpunkte annimmt, einen Beschluss zur Durchführung derselben trifft oder einen Sonderbeauftragten benennt.

Eine Sicherungsklausel bezüglich der Abstimmung mit qualifizierter Mehrheit wird einschlägig, wenn ein Mitgliedsstaat wichtige Gründe der nationalen Politik darlegt, die dieses Land zur Ablehnung eines Beschlusses mit qualifizierter Mehrheit bewegen. In diesem Fall kann der Rat mit qualifizierter Mehrheit beschließen, dass die Entscheidung über den Beschluss an den Europäischen Rat, also den der Staats- und Regierungschefs verwiesen wird, um darüber einstimmig abzustimmen (Art. 23 Abs. 2 Unterabsatz 2 EUV). Die Regelungen über die qualifizierte Mehrheit gelten jedoch nicht für Beschlüsse mit militärischen oder verteidigungspolitischen Zielen (Art. 23 Abs. 2 Unterabsatz 3 EUV).

Bei Verfahrensfragen erfolgt die Beschlussfassung über die einfache Mehrheit, also die Mehrheit der Mitglieder (WICKEL ET. AL. 2005: 378).

3.3.1 Beteiligung des Europäischen Rates

Der Europäische Rat der Staats- und Regierungschefs ist für die Bestimmung der Grundsätze und Leitlinien der GASP zuständig (GÜTT 2003: 98). Gemäß Art. 13 Abs. 3 EUV kann er den Rat auch verbindlich an diese Entscheidungen binden. Der Europäische Rat hat vergleichbar mit der Situation des deutschen Regierungschefs eine Richtlinienkompetenz gegenüber dem Rat, der somit die einzelnen Minister verkörpert (GÜTT 2003: 98). Nach Art. 13 Abs. 2 EUV ist der Europäische Rat für den Beschluss gemeinsamer Strategien zuständig. In Art. 17 EUV empfiehlt der Europäische Rat den Mitgliedsstaaten eine gemeinsame Verteidigungspolitik. Weitere Entscheidungskompetenzen kommen ihm bei dem Vetorecht der Mitglieder nach Art. 23 EUV zu.

3.3.2 Beteiligung des Rates

Der Ministerrat ist für die Festlegung gemeinsamer Aktionen (Art. 14 EUV) und gemeinsamer Standpunkte (Art. 15 EUV) zuständig (STREINZ 2001: 95). Dabei trifft er die Entschei-

---

[2] Die qualifizierte Mehrheit im Rat ergibt sich aus drei Faktoren: Die Mehrheit muss die Mehrheit der Mitglieder und eine Mindestanzahl von 170 Stimmen, die 62% der Gesamtbevölkerung der Union umfassen, erfüllen (STREINZ 2001: 97).

dungen, die für Festlegung und Ausführung der GASP nötig sind, auf der Basis der vom Europäischen Rat festgesetzten allgemeinen Leitlinien und trägt dabei gemäß Art. 13 Abs. 3 EUV die Sorge für ein einheitliches, kohärentes[3] und wirksames Vorgehen der Union (STREINZ 2001: 95). Nach Art. 16 EUV findet im Rat die gegenseitige Unterrichtung und Abstimmung zwischen den Mitgliedsstaaten statt. Desweiteren besteht für den Rat die Möglichkeit, Sonderbeauftragte für besondere politische Fragen zu ernennen, wenn es für notwendig erachtet wird (Art. 18 Abs. 5 EUV). Falls ein Übereinkommen mit einem Drittstaat oder einer internationales Organisation getroffen werden soll, kann der Rat den Vorsitz, gegebenenfalls in Kooperation mit der Kommission, dazu ermächtigen, die Verhandlungen mit dem jeweiligen Partner aufzunehmen (Art. 24 Abs. 1 EUV). Im Bereich der GASP, also auch im Bereich der EU, hat der Rat eine stärkere Position als im Bereich der Gemeinschaften, was sich vor allem dadurch zeigt, dass die Kommission ein Fehlverhalten des Rates weniger stark rügen kann (GÜTT 2003: 90).

3.3.3 Beteiligung der Kommission

Die Kommission hat das Initiativrecht im Bereich der GASP nach Art. 22 EUV. Gemäß Art. 27 EUV wird die Kommission an den Arbeiten im Bereich dieser Politik in vollem Umfang beteiligt. Diese Beteiligung muss neben dem in Art. 22 EUV garantierten Initiativrecht der Kommission zumindest ein Informations- und Anhörungsrecht gegenüber dem Rat beinhalten, denn die Kommission ist laut Art. 3 Abs. 2 Satz 2 EUV gemeinsam mit dem Rat für die Kohärenz der von der EU vorgenommenen Maßnahmen im Bereich der Außen-, Sicherheits-, Wirtschafts- und Entwicklungspolitik verantwortlich (STREINZ 2001: 113). Im Gegensatz zu ihren sonstigen Aufgaben kommen der Kommission im Rahmen der GASP nur wenige Aufgaben zu, jedoch ist ihr Aufgabenspektrum im Vergleich zu Zeiten von EPZ und deren Trennung von den Gemeinschaften schon erweitert worden, denn zu dieser Zeit stand der Kommission im Bereich der Außenpolitik noch keine Funktion zu (GÜTT 2003: 91).

3.3.4 Beteiligung des Parlaments

Das Europäische Parlament (EP) ist vor dem Abschluss bestimmter Abkommen mit Drittstaaten oder Organisationen gem. Art. 300 Abs.3 Unterabsatz 1 EGV anzuhören. Der Vorsitz des Parlaments hört das Parlament im Rahmen der GASP zu den wichtigsten Punkten und grund-

---

[3] Näheres zur Kohärenz ist in Art. 3 EUV zu finden. Kohärenz stammt vom Lateinischen „cohaerere" ab und heißt zusammenhängen oder verbunden sein, somit ist das Kohärenzgebot das Gebot zu stimmigem Verhalten (GÜTT 2003: 176).

legenden Entscheidungen gehört (STREINZ 2001: 118). Gemäß Art. 21 Abs. 1 Satz 1 EUV müssen die Auffassungen des Parlaments „gebührend" berücksichtigt werden. Erkennbar ist jedoch, dass die theoretischen Gestaltungsmöglichkeiten des EP in der GASP nicht sehr stark ausgeprägt sind (http://www.whi-berlin.de/documents/whi-paper0205.pdf, S. 2). Auf praktischem Weg hat das Parlament die Möglichkeit, Einfluss auf die GASP zu nehmen aufgrund seiner Zuständigkeit bei der Ernennung der Mitglieder der Kommission, indem es einen Präsidenten bestimmt, der mit der Politik des Parlaments übereinstimmt (GÜTT 2003: 87). Mit dem Misstrauensvotum des Art. 201 EGV kann das Parlament die Kommission stürzen. Das Parlament hat das Budgetrecht. Unter das Budget fallen auch die Ausgaben im Rahmen der GASP, die als Verwaltungsausgaben zu deklarieren sind, womit das Parlament durch Zustimmung oder Ablehnung des Haushalts auch indirekt Einfluss nehmen kann (GÜTT 2003: 88).

3.3.5 Hoher Vertreter für die GASP

Gemäß Art. 18 Abs. 3 EUV wird der Vorsitz des Rates vom Generalsekretär des Rates unterstützt, der die Aufgabe eines Hohen Vertreters für die GASP wahrnimmt. Diese Position wurde neu mit dem Amsterdamer Vertrag eingeführt (STREINZ 2001: 18). Der Hohe Vertreter soll den Rat bei Angelegenheiten der GASP unterstützen durch Hilfe bei Formulierung, Vorbereitung und Durchführung von politischen Entscheidungen (Art. 26 EUV). Weiterhin kann er auch auf Ersuchen des Vorsitzes den Rat beim politischen Dialog mit Dritten vertreten (Art. 26 EUV). Der Hohe Vertreter soll also die GASP personalisieren und Ansprechpartner für Dritte sein, was vorher nicht vorhanden war (GÜTT 2003: 93). Der derzeitige Generalsekretär Javier Solana ist also „Mr. GASP". Diese Position kann dem Vorsitz des Rates aufgrund des Rotationsprinzips nicht zukommen. Zur Unterstützung steht dem Hohen Vertreter eine Strategieplanungs- und Frühwarneinheit bei (GÜTT 2003: 93). Dem Hohen Vertreter sind auch für bestimmte politische Besonderheiten ernannte Sonderbeauftragte unmittelbar zugeordnet und unterstehen dessen Weisungen (GÜTT 2003: 93).

3.3.6 Politisches Komitee

Das Tätigkeitsfeld des Politischen Komitees ist in Art. 25 EUV geregelt. Das Politische und Sicherheitspolitische Komitee verfolgt die internationale Lage und trägt auch mit Vorschlägen zur Politik des Rates bei (Art. 25 EUV). Es ist auch für die Überwachung der Durchführung der Politiken zuständig. Im Rahmen von Maßnahmen der Europäischen Sicherheits- und Verteidigungspolitik kann das Komitee vom Rat mit Sondervollmachten ausgestattet werden gemäß Art. 25 EUV (MICKEL ET. AL. 2005: 379). Das Komitee übernimmt die Kontrolle und strategische Leitung von Operationen zur Krisenbewältigung unter Verantwortung des Rates (Art. 25 EUV). Beratende Ausschüsse des Komitees sind der Ausschuss für nichtmilitärische Aspekte des Krisenmanagements (CivCom), die politisch-militärische Arbeitsgruppe (PMG) und der EU-Militärausschuss (EUMA).

3.3.7 Rechnungshof

Der Rechnungshof hat keine Kompetenzen im Rahmen der GASP. Gemäß Art. 246 EGV nimmt er die Rechnungsprüfung der EG wahr, womit er auch die unter den EG-Haushalt fallenden Einnahmen und Ausgaben im Rahmen der GASP prüft (GÜTT 2003: 92).

3.3.8 Europäischer Gerichtshof

Grundsätzlich hat der Europäische Gerichtshof keine Entscheidungsgewalt im Rahmen der GASP, obwohl dieser in die EU durch den EUV eingeführt wurde, jedoch können Ausnahmen entstehen bei der Durchführung von GASP-Maßnahmen durch die Europäischen Gemeinschaften (GÜTT 2003: 91).

3.3.9 weitere Institutionen der GASP

Weitere Institutionen, die im Rahmen der GASP tätig sind, sind die Europäische Verteidigungsagentur (EDA), das Institut der Europäischen Union für Sicherheitsstudien (ISS) und das Satellitenzentrum der EU (EUSC).

3.4 Handlungsformen

Im Rahmen der GASP kann es zu verschiedenen Handlungsformen kommen, wobei hier nur die wichtigsten näher erläutert werden sollen.

3.4.1 gemeinsame Standpunkte

Der Rat nimmt laut Art. 15 EUV gemeinsame Standpunkte an, in denen das Konzept der EU für eine bestimmte Frage geographischer und thematischer Art bestimmt wird. Die gemeinsamen Standpunkte sind völkerrechtlich verbindlich für die einzelnen Mitgliedsstaaten, aber sie haben keine unmittelbare Durchgriffswirkung auf das Recht der einzelnen Staaten (STREINZ 2001: 171).

3.4.2 Gemeinsame Aktionen

Geregelt ist die Gemeinsame Aktion in Art. 14 EUV. Diese Handlungsform kann durch die Bestimmtheit der verwandten Mittel oder der getroffenen Regelung charakterisiert werden (STREINZ 2001: 171). Allgemein kann die Gemeinsame Aktion als Instrument der EU zur Festlegung des Vorgehens in bestimmten Situationen, in denen eine kostenträchtige operative Aktion der EU als notwendig scheint, definiert werden (MÜCKEL ET AL. 2005: 376). Beispiele für diese Handlungsform sind Operationen im Rahmen der internationalen Krisenbewältigung, die Ernennung von EU-Sonderbeauftragten oder die Entsendung von Wahlbeobachtern (MÜCKEL ET AL. 2005: 376). Die Aktionen sind für die EU-Staaten verbindlich (Art. 14 Abs. 3 EUV).

3.4.3 Gemeinsame Strategien

Gemäß Art. 13 Abs. 2 EUV kann der Europäische Rat gemeinsame Strategien beschließen, die in den Bereichen, in denen die Mitgliedsstaaten gemeinsame Interessen haben, von der EU durchzuführen sind. Die Strategien werden vom Europäischen Rat einstimmig beschlossen, binden die Mitgliedsstaaten jedoch nicht völkerrechtlich, sondern nur politisch (MÜCKEL ET AL. 2005: 381). Der Ministerrat kann Empfehlungen für solche Standpunkte abgeben und ist für die Durchführung zuständig (ebenda: 381). Beispiele für Gemeinsame Strategien sind diejenigen für Russland und die Ukraine (2004 ausgelaufen) (ebenda: 381).

3.4.4 Verstärkte Zusammenarbeit

Die verstärkte Zusammenarbeit ist in Art. 27a-f EUV geregelt und kann gemäß Art. 27c EUV zwischen mehreren Mitgliedsstaaten entstehen. Dies muss beim Rat beantragt werden (Art. 27c EUV). Die verstärkte Zusammenarbeit kann die Durchführung einer Gemeinsamen Aktion oder die Umsetzung eines Gemeinsamen Standpunkts betreffen, nicht jedoch militärische oder verteidigungspolitische Maßnahmen (Art. 27b EUV). Grundsätze der Zusammenarbeit sind die Wahrung der Werte der EU, die Interessendienung, weiterhin sollen die allgemeinen Grundsätze und Ziele der EU beachtet werden sowie die Vorschriften über die GASP.

4 Problemfelder, Möglichkeiten und Perspektiven der GASP

4.1 Problemfelder

Die Problemfelder der EU sind teilweise durch die Struktur, aber auch durch das Handeln der Mitgliedsstaaten geprägt. Ein allgemeines Problem der GASP ist die oft geforderte Einstimmigkeit bei der Beschlussfassung, die viele Entscheidungen herauszögert oder sogar verhindert.

4.1.1 Verteidigung

Die EU möchte außenpolitisch als eine Einheit auftreten, dabei möchte sie in Konfliktherden beim Krisenmanagement aktiv eingreifen. Zu diesem aktiven Eingreifen fehlen jedoch europäische verteidigungspolitische Instrumente, wie z.B. eine eigene europäische Armee oder eine gemeinsames Militärkommando. Eine solche Armee würde die GASP deutlich stärken.

4.1.2 Außenvertretung

Die Außenvertretung der EU obliegt dem Vorsitz, auch als Präsidentschaft bezeichnet, der halbjährlich nach dem Rotationsprinzip zwischen den Mitgliedsstaaten wechselt. Es gibt also keinen ständigen Außenvertreter, abgesehen von dem Hohen Vertreter, dessen Kompetenzen jedoch noch ausweitbar sind.

4.1.3 Völkerrechtssubjektivität

Die Union hat keine Völkerrechtssubjektivität (MÜCKEL ET AL. 2005: 379). Die EU kann zwar völkerrechtliche Verträge mit beispielsweise Drittstaaten abschließen, kann aber keine völkerrechtlich relevanten Handlungen durchführen oder sich völkerrechtlich verpflichten (GÜTT 2003: 161). Die Handlungsfähigkeit der EU ist also auf die Vertragsschlusskompetenz beschränkt (GÜTT 2003: 155). Weiterhin bindet die GASP die Mitgliedsstaaten, solange jedoch die Mitgliedsstaaten die Vetomöglichkeit haben und Maßnahmen nicht durchführen, weil sie der nationalen Politik entgegenstehen, kann eine gemeinsame Außenpolitik noch nicht glaubwürdig durchgesetzt werden.

4.1.4 Golf-Konflikt

Ein weiteres Problem trat im Golf-Konflikt der Jahre 2002/2003 auf. Im Rahmen dieses Konfliktes hatten die EU-Mitgliedsstaaten zwar gemeinsame Ziele, jedoch traten bei dem Weg der

Durchführung und Erreichung der Ziele Probleme auf. Großbritannien hat sich auf die Seite der USA geschlagen, viele andere Länder Europas jedoch, wie Deutschland und Frankreich, sahen ihren deren Handeln keine Legitimität, da ein UN-Mandat und UN-Inspekteure die richtige Lösung gewesen wären. Es zeigt sich dabei aber auch, dass die Unionsstaaten hier im Rahmen ihrer Außenpolitik nicht einheitlich handeln konnten, so dass die EU auch nicht als eine Einheit auftreten konnte. Diese fehlende Einheit macht die EU zu einem schwierigen Partner auf dem außenpolitischen Parkett.

4.2 Möglichkeiten und Perspektiven

Bei den Möglichkeiten und Perspektiven der GASP sollen zwei Beispiele aufgezeigt werden, einerseits der Verfassungsentwurf und andererseits die Planungen für die deutsche Ratspräsidentschaft im nächsten Jahr.

4.2.1 Verfassungsentwurf

Der Verfassungsentwurf sieht einige Neuerungen im Bereich der GASP vor. Ziel dieses Entwurfes ist es, gemeinsames Handeln und die größtmögliche Kohärenz innerhalb der GASP zu erreichen (SILBER in Göttinger Online Beiträge zum Europarecht, Nr. 15: 11). Ein neues Amt stellt das des Präsidenten des Europäischen Rates dar. Dieser soll für eine Periode von zweieinhalb Jahren gewählt werden, wobei er kein innerstaatliches Amt innehaben darf und weiterhin ist dieser als Außenvertreter der Union im Rahmen der GASP vorgesehen (Art. 21 Verfassungsentwurf). Zusätzlich ist noch das Amt eines Außenministers vorgesehen. Diese Position stellt eine Weiterentwicklung des Hohen Vertreters dar. Dieser soll vom Europäischen Rat mit Zustimmung des Kommissionspräsidenten ernannt werden, dabei ist er gleichzeitig einer der Vizepräsidenten der Kommission. Zu seinen Aufgaben gehört die Leitung der GASP, er kann Vorschläge machten und führt Beschlüsse des Ministerrats aus (Art. 27 Verfassungsentwurf). Er ist also der Repräsentant der EU im Bereich der GASP. Auch im UN-Sicherheitsrat soll der Außenminister den Standpunkt der EU vortragen können (SILBER in Göttinger Online Beiträge zum Europarecht, Nr. 15: 12). Zu den Aufgaben des Außenministers soll auch gehören, dass dieser die Mitgliedsstaaten bei der Einhaltung des Selbstverpflichtungsgrundsatzes der gegenseitigen Loyalität und Solidarität überwacht (ebenda: 12). Nationale Interessen werden aber weiterhin vorrangiges Leitbild der einzelnen Länder im Rahmen der GASP sein, so dass eine Krise wie die des Irakkrieges wiederholbar ist, jedoch durch das Initiativrecht kann der Minister die Themen der Ministerratstreffen mitbestimmen, so dass frühzeitig Positionen im Konfliktfall herausgearbeitet werden können (ebenda: 13).

Als Unterstützung soll dem Außenminister gemäß Art. 296 Abs. 3 Verfassungsentwurf ein Europäischer Auswärtiger Dienst (EAD) zur Seite gestellt werden (STREINZ ET AL. 2005: 94). Das Vetorecht bezüglich der Beschlussfassung bleibt auch im Verfassungsentwurf erhalten. Als weiteres Novum soll die verstärkte Zusammenarbeit auf den gesamten Bereich der GASP ausgedehnt werden (Art. 43 Verfassungsentwurf). Die Beschlussfassung durch qualifizierte Mehrheit wurde nur in geringem Maße ausgeweitet (STREINZ ET AL. 2005: 96). Eines der gravierenden rechtsstaatlichen Defizite der GASP, nämlich die fehlende gerichtliche Überprüfbarkeit durch den Europäischen Gerichtshof bleibt auch weiterhin erhalten (ebenda: 96). Insgesamt gesehen stärkt der Verfassungsentwurf die GASP in einigen Bereichen, jedoch stehen nach wie vor die Interessen der Einzelstaaten im Vordergrund und können auch bei der Beschlussfassung Entscheidungen verhindern.

4.2.2 deutsche Ratspräsidentschaft

Deutschland übernimmt die Ratspräsidentschaft am 1.Januar 2007 für die nächsten sechs Monate. Ziel der deutschen Präsidentschaft im Rahmen der GASP ist eine effizientere und kohärentere Außenpolitik, eine vertiefte Zusammenarbeit mit den Partnern sowie der Ausbau der militärischen Zusammenarbeit (BT-Drucksache 16/3680: 13). Betreffend der Kohärenz soll beispielsweise die Zusammenarbeit zwischen der EU und den Gemeinschaften gestärkt werden, indem die Zusammenarbeit zwischen der Kommission und dem Hohen Vertreter gestärkt wird (ebenda: 14). Ein weiterer wichtiger Aspekt der deutschen Präsidentschaft soll die Zusammenarbeit der EU mit den Vereinten Nationen im Bereich des Krisenmanagements bilden (ebenda: 14). Ein wichtiges Projekt in diesem Zusammenhang stellt die Stabilisierung der Situation im Nahen Osten dar, ein anderes ist die friedliche Lösung des Nuklearkonflikts mit dem Iran (ebenda: 14). Außerdem sollen die Beziehungen zwischen der EU und den USA in den Bereichen Nahost, Osteuropa und im Kampf gegen den Terrorismus verbessert werden, wobei auch als Ziel eine Vereinbarung bezüglich zivilen Krisenmanagements abgeschlossen werden soll (ebenda: 14). Die deutsche Präsidentschaft hat sich wie bereits aufgezeigt hohe Ziele gesteckt. Die Realisierungschancen sieht MAURER im Rahmen der SWP-Studie „Europäische Außen- und Sicherheitspolitik" (14) bezüglich der Institutionen des Europäischen Außenministers und des EAD als machbar in der neuen Teampräsidentschaft, die mit Portugal und Slowenien für eineinhalb Jahre anhält. Weiterhin sieht Maurer die Debatte um den Verfassungsentwurf als weiteres wichtiges Thema der deutschen Präsidentschaft und gibt dem Entwurf auch so eine neue Chance (SWP-Studie: 14). BENDIEK sieht in ihrem Beitrag der SWP-Studie die Wiederbelebung der Zusammenarbeit zwischen den kleinen und großen Staaten der EU und die „Politik der kleinen Schritte" der GASP, vor allem mit den Gründungsmitgliedern als wichtige und mögliche Aspekte der deutschen Ratspräsidentschaft (SWP-Studie: 18).

5 Zusammenfassung

Die Arbeit hat die Struktur und die Akteure der GASP erklärt und dabei auch die Schwächen und Problembereiche derselben aufgezeigt. Als Ausblick für die Zukunft kann angeführt werden, dass der Verfassungsentwurf weiter vorangetrieben werden sollte, um die GASP zu stärken. Das Problem dabei ist jedoch, dass bei einer funktionierenden GASP die Mitgliedsstaaten mehr von ihrer Souveränität aufgeben müssten und auch nationale Interessen zeitweise in den Hintergrund stellen sollten. Die fehlende Völkerrechtspersönlichkeit der EU sollte zur größeren Durchsetzbarkeit noch beseitigt werden. Zusätzlich sollten sich die EU-Staaten bei außenpolitischen Konfliktsituationen um einheitliche Positionen bemühen, um so das Bild der EU als eine außenpolitische Einheit und durchsetzungsstarke Organisation zu stärken.

6 Literatur

6.1 Literaturverzeichnis

FACHINFORMATIONSZENTRUM DER BUNDESWEHR (HRSG.) (2005): *Europäische Sicherheits- und Verteidigungspolitik*, Bonn

GÜTT, T. (2003): *Die gemeinsame Außen- und Sicherheitspolitik und ihre Bedeutung für die Europäische Union*, München

HERDEGEN, M. (2004): *Europarecht*, 6.Auflage, München

STREINZ, R. (2001): *Europarecht*, 5.Auflage, Heidelberg

STREINZ, R., OHLER, C. und HERMANN, C. (2005): *Die neue Verfassung für Europa: Einführung mit Synopse*, München

VERLAG C.H.Beck (Hrsg.) (2005): *ÖffR Basistexte Öffentliches Recht*, 5.Auflage, München

MICKEL, W. und BERGMANN, J.M. (2005): *Handlexikon der Europäischen Union*, 3. Auflage, Baden-Baden

6.2 Internetquellen

DEUTSCHER BUNDESTAG: *Drucksache 16/3680: Unterrichtung durch die Bundesregierung: Präsidentschaftsprogramm 1.Januar bis 30.Juni 2007 – Europa gelingt gemeinsam*: URL: http://dip.bundestag.de/btd/16/036/1603680.pdf, Abrufdatum: 14.12.2006.

KOMMISSION DER EUROPÄISCHEN UNION: *Gemeinsame Außen- und Sicherheitspolitik: Einleitung*: URL: http://europa.eu/scadplus/leg/de/lvb/r00001.htm, Abrufdatum: 13.12.2006

MEISER, C. in: : Institut für Völkerrecht der Universität Göttingen, Abteilung Europarecht: *Göttinger Online Beiträge zum Europarecht, Nr. 35, Die außen- und sicherheitspolitischen Kompetenzen der EU nach der Verfassung für Europa*: URL: http://www.europarecht.uni-goettingen.de/Paper35.pdf, Abrufdatum: 6.12.2006

PERTHES, V. und MAIR, S. (Hrsg.): *Europäische Außen- und Sicherheitspolitik (SWP-Studie)*: URL: http://www.swp-berlin.org/de/common/get_document.php?asset_id=3264, Abrufdatum: 6.12.2006

SEKRETARIAT des EUROPÄISCHEN KONVENTS: *Entwurf Vertrag über eine Verfassung für Europa*: URL: http://european-convention.eu.int/docs/Treaty/cv00850.de03.pdf, Abrufdatum: 18.12.2006

SILBER, S. in: Institut für Völkerrecht der Universität Göttingen, Abteilung Europarecht: *Göttinger Online Beiträge zum Europarecht, Nr. 15, Die EU und ihre Außen- und Ver-*

teidigungspolitik – zwischen Macht und Ohnmacht: URL: http://www.europarecht.uni-goettingen.de/Paper15.pdf, Abrufdatum: 6.12.2006

THYM, D. in: Walter Hallstein Institut für Europäisches Verfassungsrecht der Humboldt-Universität zu Berlin: *WHI-Paper 02/05, Parlamentsfreier Raum? Die Rolle des Europäischen Parlaments in der Gemeinsamen Außen- und Sicherheitspolitik*: URL: http://www.whi-berlin.de/documents/whi-paper0205.pdf, Abrufdatum: 10.12.2006